真是令人大开眼界呀！

06 飞碟

［法］安娜－贝内迪克特·施维贝尔 编　时征 译

中信出版集团 | 北京

图书在版编目（CIP）数据

真是令人大开眼界呀！. 06, 飞碟 /（法）安娜 - 贝内迪克特·施维贝尔编；时征译. -- 北京：中信出版社，2023.11

ISBN 978-7-5217-5850-4

Ⅰ. ①真… Ⅱ. ①安… ②时… Ⅲ. ①科学知识 - 儿童读物②飞盘 - 儿童读物 Ⅳ. ① Z228.1 ② V11-49

中国国家版本馆 CIP 数据核字（2023）第 120244 号

真是令人大开眼界呀！ 06 飞碟

编　　者：[法] 安娜 - 贝内迪克特·施维贝尔
译　　者：时征
出版发行：中信出版集团股份有限公司
（北京市朝阳区东三环北路27号嘉铭中心　邮编　100020）
承 印 者：北京尚唐印刷包装有限公司

开　　本：889mm × 1194mm　1/16　　印　　张：3　　字　　数：74千字
版　　次：2023年11月第1版　　印　　次：2023年11月第1次印刷
京权图字：01-2023-1613
书　　号：ISBN 978-7-5217-5850-4
定　　价：398.00元（全20册）

出　　品：中信儿童书店
图书策划：小飞马童书
总 策 划：赵媛媛
策划编辑：白雪
责任编辑：许美琳
营　　销：中信童书营销中心
美术设计：谢佳静
内文排版：王莹

服务热线：400-600-8099
投稿邮箱：author@citicpub.com

目　录

第一部分 故事篇 / 2

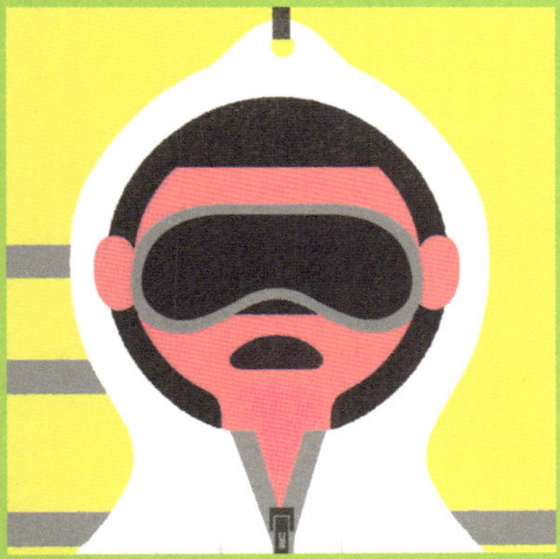

第二部分 游戏篇 / 20

第三部分 五花八门 / 36

我是乔治，我出现在书中的各处，准备和你一起阅读。

长故事

美国国家航空和航天局里的笨叔叔们

本故事由樊尚·皮亚尼纳创作

灵感来自“先驱者号”探测器携带的地球名片和“旅行者号”探测器携带的金唱片。

美国国家航空和航天局所在地，不明飞行物研究办公室，1972 年。

这是我们将要发射到太空中的探测器，它能拍摄照片，这样我们就能了解更多的宇宙奥秘了。
小伙子们棒极了！
工作简直完成得太出色了，和往常一样优秀！
你们就是航天界的领军人物啊，真正的王者！
谢谢各位，不过……
好啦，好啦，快走吧！
我们都替你感到骄傲。
啪啪
唉，他搞砸了我们的游戏。
等一下，我还没说完呢。这一次的项目，你们也可以参与进来！
啊？！

我们要把这个探测器发射到外太空，所以需要你们几个帮忙准备一些信息放在里面，这样，如果有外星人恰巧经过的话，就能看到信息了。
你在开玩笑吗？
当然不是。
太好啦！
你们可一定要认真对待这项任务，因为你们留下的信息代表咱们整个地球！
你们有一个晚上的时间。
哟呼——太棒啦！
好啦，快来，大家抓紧时间。

那么，首先要写上“你好”。
要用各种语言来写！
对，还包括各种动物的叫声——地球上可不是只有人类。
同意。不过如果外星人正好经过，最好再加上一些植物的照片和一些动态的视频……
一道瀑布，太美了！
一座正在喷发的火山！
一道闪电！
啊，对了！在盒子里放上巧克力闪电泡芙！啧啧！
要是这样的话，最好准备一顿完整的饭菜，否则他们以为我们只吃甜点呢。

来一道烤羊腿配抱子甘蓝，怎么样?
哦，不，我不喜欢抱子甘蓝!
那我们就注明：不是所有人都喜欢这道菜。
好的，谢谢。
嘿！应该让他们知道我们的星球在哪儿!
我在太空地图中相应的位置上画一个叉。
就这样。
棒极了！我们要告诉他们奥运会的事儿吗?
可以，但我们得配上一张滑雪冠军的照片，否则他们可能理解不了。
呃……等一下！万一找到探测器的外星人是……
一群坏蛋怎么办?

要是这样的话，就不给他们放甜点了！
如果他们是坏蛋，我们就不应该让他们来找我们。
我们要试图说服他们放弃找我们的念头。
所以，也不要提奥运会，是吗？
要告诉他们地球上的一切都很糟糕。
哈哈！而且要告诉他们，我们都是大怪兽！
什么样的怪兽？

这样……
脑袋像抱子甘蓝
爪子
好极了，我们把你的画放进去，这再好不过了。
好主意！我签上名字，这样就行了。
而且有很强的攻击性。
署名：愤怒的地球人
完美！
早上好！现在已经是早上七点了，你们完成了吗？
当然，都在里面了。
太好了！

在遥远的外太空，另一颗星球上……
太难以置信了！
我们发现了一个探测器！
约尔格！
谢谢，约尔格。
我在里面找到一个装了很多奇怪信息的盒子，你们能破译吗？
我来试试看。

一个小时之后……
署名是愤怒的地球人。
哎呀！他们看上去很危险！
真吓人！
一定不能让他们来找我们！
我们回一封信，就说我们长成这样……
棒极啦！
完

专访迪迪埃·普皮

文本与绘图：樊尚·皮亚尼纳

齐治遇到了迪迪埃·普皮，他在《美国国家航空和航天局里的笨叔叔们》中扮演不明飞行物研究办公室的一个工作人员，他为我们讲述了整个故事当时的拍摄氛围。

在这部喜剧中，有些角色（包括您的角色）看上去有点儿愣头愣脑的。在扮演这种角色时，是不是很容易笑场？

迪迪埃：确实如此。在拍摄过程中，有好几次我们自己都笑得不行了！比如，其中有一个片段，我需要扮演一个喜欢吃巧克力闪电泡芙的美食爱好者，但实际上，我对这种食物过敏！只要吃一块，我就会浑身起疹子，还会出现水肿，特别吓人！在拍摄之前，我向团队的其他成员展示了一张我在那种状态下的照片，大家看了哄堂大笑。所以拍摄时，当我装作很享受这种美味时，所有人都笑场了。这个镜头我们反复拍了十次才完成！后来，我看到吉塞尔的头发都乱了，因为她刚刚笑翻在了地上！

我发现您和抱子甘蓝之间也有一段有趣的故事。

迪迪埃：没错，我必须要表现出很讨厌它的样子，但其实我很喜欢这种蔬菜！我不知道你们最终能不能看到这个画面，当时我用双手捂住了脸，因为我快要笑死了！还有结尾部分，外星人的头领满头大汗地跑进画面，那是我在幕后刚刚用水枪在他脸上喷了水！这次拍摄的氛围非常好。

整个拍摄持续了很长时间吗？

迪迪埃：本来是会在一周之内完成拍摄的，但是遇到了个突发事件，耽误了整个进度：扮演其中一个外星人的某位演员缺席了拍摄。最后，莫里斯除了扮演自己的角色外，还承担了这个角色的演出。我们不得不剃掉了他的头发和胡子，以免被观众认出来。

在故事里，外星人看起来和人类很相像。这符合您对他们的想象吗？

迪迪埃：外星人肯定会进化成不同的样子，但因为没人见过他们，所以很难设想他们长什么样。但是，我们是真实存在的。宇宙浩瀚无边，无数星球散布在其中，我告诉自己，这里面肯定有和我们的地球很接近的星球，上面也会有和我们很像的外星人居住。所以，“长得像人类的外星人”这个设计并不会让我感到奇怪。也许还会有长得像巧克力闪电泡芙的外星人，但我可不想认识他们！

您未来有什么计划呢？

迪迪埃：我打算开一家抱子甘蓝主题的餐厅，哈哈哈！说正经的，我其实正在写一本书，一个与抱子甘蓝有关的故事，哈哈哈，这也是个玩笑！在拍摄结束之后，我要去好好度个假，享受和两个孩子在一起的时光，他们俩的名字分别是芽菜和抱子甘蓝，哈哈哈！我真是个讲笑话的天才！

“在拍摄过程中，
有好几次我们自己都笑得不行了！”

邦比和高里

新的反派

文本与绘图：玛丽·诺维昂

我觉得它们俩应该组成一个组合，就像蝙蝠侠与罗宾！
好主意！
至少不能每次到最后都是你的超级尤利乌斯获胜。
我也没办法，谁让它最强呢！
来吧，我们要找一个更坏的反派！
我们到安妮那个装满了毛绒玩具的箱子里找找看。
毛绒玩具选角大会正式启动！
哟嚯！
我喜欢这个主意！
这个怎么样？
不行！这个反派太弱了。
那这个呢？这可真的是个超级大坏蛋！
这……也不太行。
找到了，这个！我一直觉得它怪怪的……
它看上去是个狠角色……
就这么定了！
在高高的天空中，一位超级英雄和他忠诚的蝙蝠伙伴正在一起执行一项秘密任务——他们要保护地球人，使他们免遭来自太空大怪兽的攻击。
别被它的笑容吓倒了，埃尔韦，虽然它看上去有些扭曲。
呼……我感觉脊背有些发凉！
完

万圣节的火星人

文本：樊尚·雅多 绘图：塞维里·米耶

“等等！好像发生了一些状况！有一个佝偻的身影从陨星砸出的大坑中冒了出来，随即一股火焰从那个方向喷射出来。天哪，周围的人身上都着火了！还有树木、谷仓……我从来没见过如此可怕的景象，有个大家伙爬了出来，它后面又冒出来一个，还有一个……它们看起来好像长着触手……”

此刻突然传来一声尖叫，接下来是一阵令人不安的沉默。

连线中断了。

这是1938年10月30日20时12分。美国哥伦比亚广播公司的特别报道突然中断，特约记者卡尔·菲利普也随即失去了联系。节目中断了，而在此之前播放的新闻中发生了一系列怪事：火星上发生了气体爆炸，随后一颗神秘的陨星坠落在美国新泽西州。

这则新闻很快就引发了听众们的恐慌。要是火星人真的入侵了，到底应该怎么办呢？广播公司和警察局的电话都被打爆了。不得不提，当时的报纸上和广播中都在大肆谈论有关即将全面爆发的第二次世界大战的话题，气氛原本就非常紧张。希特勒已经够让人糟心的了，要是火星人再搅和进来可怎么办！

然而，外星人并没有出现。事实上，造成这一切令人难以置信的恐慌的源头，是一个名叫奥逊·威尔斯的23岁年轻导演和他的水星剧团在电台中播放了一部改编自科幻小说《火星人入侵》的广播剧。

为了吸引公众的注意，他突发奇想，将这个广播剧以新闻快报的方式进行播放。结果，当时收听节目的听众们都信以为真。

奥逊·威尔斯并不是第一个这么做的人，类似的恶作剧也远不止这一个。1835年，《纽约太阳报》曾让读者们相信天文学家观测到了月球上的居民。后来，电视上又播放了美国陆军在罗斯威尔拍摄到的外星人照片。但从来没有任何一个节目能让人印象如此深刻，并明白即使是广播中所讲述的事情也未必可信。

这一闹剧让奥逊·威尔斯声名鹊起，并推动他完成了他的首部电影《公民凯恩》，这部影片至今仍被认为是电影史上的十大最佳影片之一。当哥伦比亚广播公司管理层要求威尔斯向听众道歉时，他用一种幽默的方式结束了他的讲话：“门铃响了，但门外空无一人。并不是火星人真的来了，而是万圣节到了。”在美国，每年万圣节前夜，人们习惯搞恶作剧。

文本与绘图：玛丽·米尼奥

第二回

高高的树上有一只奇怪的“鸟”

吉内特失踪了。
大侦探比尔·博莱和他的助手翻翻
一起着手调查这件事。
当他们在吉内特家中发现了樱桃果酱的痕迹时，
有人在树林里发现了吉内特……

长时间的问讯之后……
在案发时，你们在森林里做什么？
与此同时，在森林里……
?
哦，看哪，看哪！
太有意思了！
丁零零零零！
喂，头儿，证人们有透露一些什么吗？
没有，翻翻！
森林里的树木都一言不发！
简直是浪费时间……
我这边找到了一些蛛丝马迹。您知道基尔希樱桃果酱厂吗？
怎么了？
已经到吃饭时间了？
不，头儿！我捡到了一个胸牌，它属于一个叫罗伯的人。
咱们应该去一趟果酱厂，我觉得他有话要告诉咱们……
未完待续
请在“手表”主题的分册中阅读下一回。

■ **游戏1** ■

1、2、3……太阳!

绘图：斯特凡妮·拉纳

乔治准备了一张介绍太阳系的小卡片。

A. 请将下面这些词语填写到整段文字中。

星系　轨道　行星　公转　自转　太阳　银河系

太阳系是在大约50亿年前在一个被称为 ________ 的 _______ 中形成的。它包含了1颗恒星 ________ 和8颗 ________。这些行星沿着椭圆形的路径以不同的速度围绕太阳旋转，这些路径被称为 ________。________ 周期是指它们自身旋转一周所需的时间，而 ________ 周期则是指它们围绕太阳旋转一周所需的时间。

B. 根据以下信息，请参考下页图片，将对应的行星编号填写到表格之中。

名称	赤道直径	与太阳的平均距离	自转周期	公转周期	编号
木星	142612.08 千米	7.78 亿千米	9小时50分	11.86年	
地球	12756 千米	1.496亿千米	23小时56分	365.25天	
水星	4847.28 千米	5791万千米	59天	88天	
天王星	52299.6 千米	29亿千米	17.9小时	84.01年	
海王星	49493.28 千米	45亿千米	16.11小时	164.79年	
金星	12118.2 千米	1.08亿千米	243天	225天	
火星	6760.68 千米	2.28亿千米	24小时37分	687天	
土星	120161.52 千米	14.27亿千米	10小时14分	29.46年	

C. 选出你认为正确的答案（可能不止一个选项）：

1. 比地球大的行星是：

□ 火星　□ 天王星　□ 海王星

2. 自转大约需要24小时的行星是：

□ 水星　□ 地球　□ 火星

3. 公转周期大约是天王星两倍的行星是：

□ 木星　□ 火星　□ 海王星

D. 乔治了解到，从1930年以来，人们一直认为太阳系中有9颗行星。但国际天文学联合会在2006年决定将离太阳最远的那颗排除在外。想知道它的名字吗？请去掉下面拼音中所有的e和o，并试着加上声调。

omeineg ewaonge oxienog

7
5
8
3
1
4
太阳
6
2

■ 游戏2 ■

火眼金睛

绘图：斯特凡妮·拉纳

乔治凭想象画出了好多种外星人的形象。

请找出其中没有重复的那一个，并给所有外星人涂上颜色！

■ 游戏3 ■

叮！手工时间到了！

设计者：让-大卫 · 曼斯鲁

小朋友们，
一起来动手玩一玩吧！

请动手制作一个飞碟纸模！

所需材料：

1把剪刀、1支胶棒。

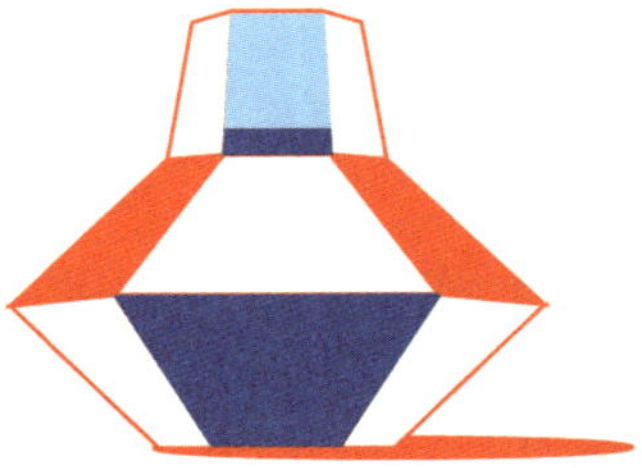

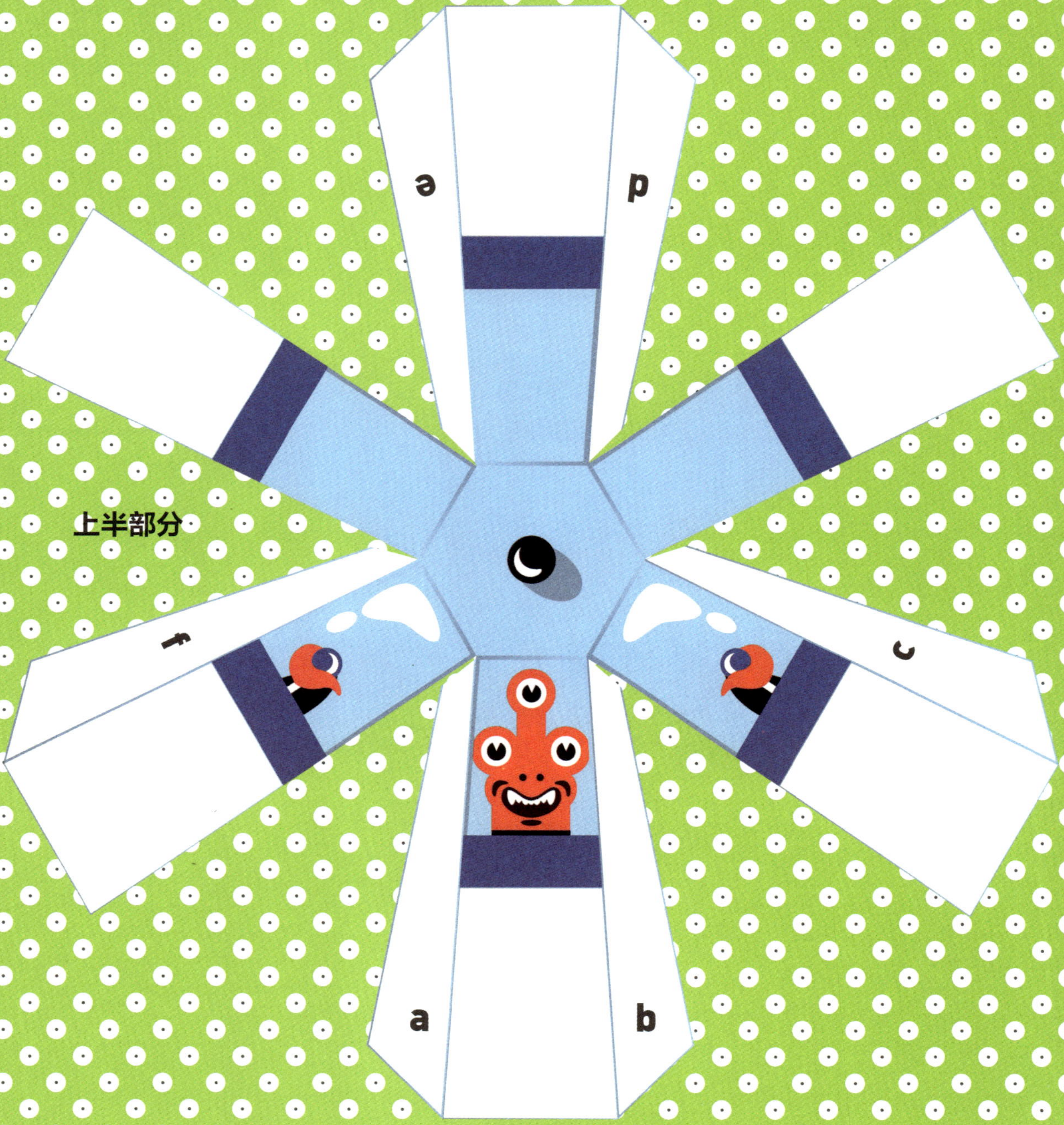

上半部分

A. 将飞碟纸模的下半部分剪下来。

B. 将它对折，使红白色部分位于蓝白色部分的下方。

C. 将飞碟纸模的12个面依次折好。

D. 将所有粘贴片（从a到g）也依次折好。

E. 按d—c—b—e—f顺序将蓝白色部分粘贴在红白色部分的粘贴片上。然后将粘贴片a和g粘好。

F. 将飞碟纸模的上半部分剪下来。

G. 将6个面依次折好。

H. 将粘贴片（从a到f）依次折叠好。

I. 按照任意顺序将6个面依次与粘贴片粘好。

J. 将上半部分从之前准备好的下半部分的蓝白色一端插进去，使其上部从红色一端露出来，直到外星人图案和它下面的蓝色条形图案都露出来为止。

注意：发现不明飞行物！

下半部分

小朋友们，
继续游戏吧！

■ **游戏4** ■

注意，飞碟来了！

一天，乔治认为他看到一架飞碟从花园上方飞了过去。

A. 根据下方箭头提示画出飞碟的飞行路线。请从紫色圆点位置出发，按照箭头方向依次在下面的网格中绘制（一个箭头=一段路线）。乔治已经先画出了两段路线作为示范。

~~←~~	~~↑~~	→	↓	→	↓	→	→	→	↑	→	↑	→	↓	←
↓	→	↓	→	↓	→	↓	↓	↓	←	↑	↑	←	↓	↓
←	↓	←	←	↑	→	→	↑	←	←	←	←	←	↓	→
→	↓	←	←	↑	←	↑	↑	←	↓	↓	←	↑	↑	↑
→	↑	→	↑	→	↑									

B. 这个图案看着眼熟吗？它是1978年日本推出的电子游戏《太空侵略者》中的一个外星人形象。或许你曾在街道上看到它以马赛克画的形式出现过，因为在20世纪90年代，一位街头艺术家将它带到了世界各地街道的墙壁上。这一次，换你来给它涂上颜色吧！

■ 游戏5 ■

月球之旅

绘图：艾拉酷酷

乔治的堂妹齐娜是一名宇航员，她经常到月亮上去，更确切地说，是登陆月球表面。上页是她上一次登月之旅带回的一些照片。

A. 下面这些句子中一些词语（加粗）的位置被打乱了，试着用正确的顺序将它们读出来，并在上页找到与每个句子对应的照片。

1. 我们的**变质**是事先**任务**好的，**咖啡**的密封性很好，以便它们能够在宇航员整个执行**准备**期间不会**食物**。看，我正在这里喝**包装**。 ______

2. 在**软管**后，因为**淋浴**会飘浮在空中，所以我们要用**水滴**将水吸干净。 ______

3. 每一天，我们都会做一些**体力**来保持**运动**。 ______

4. 穿上**保护**来一次舱外活动。这身衣服为我提供了维持**氧气**的**极端温度**，并**呼吸**我不会受到**宇航服**环境的伤害。 ______

5. 由于**脚印**上没有**月球**，我的**风**能在这里保持很多年不变样！ ______

6. 我**醒来**的**墙壁**被固定在**睡袋**上，否则我都不知道自己**睡觉**的时候会在哪里。 ______

乔治请齐娜帮忙解释一下有关引力的问题，这是她的回复：
引力是一种无形的力量，它能使我们待在地面上。
月球上的引力要比地球上的弱得多，将你的实际体重除以6，就是你在月球上的重量。
太空中同样有引力。

B. 将正确答案圈出来。（乔治建议你先计算各物体在月球上的重量。）

地球上的重量：
1只猫：6千克
1只狗：24千克
1头豹子：60千克
1头野猪：120千克
1匹马：600千克

1.	在地球上的1只狗	相比	在月球上的24只猫	更沉	一样重	更轻
2.	在月球上的1匹马	相比	在地球上的1头野猪	更沉	一样重	更轻
3.	在地球上的1只狗	相比	在月球上的1头野猪	更沉	一样重	更轻
4.	在地球上的1只猫	相比	在月球上的4头野猪	更沉	一样重	更轻

C. 请根据下面的提示破译出1969年7月20日首次登月的2名宇航员的英文姓名。

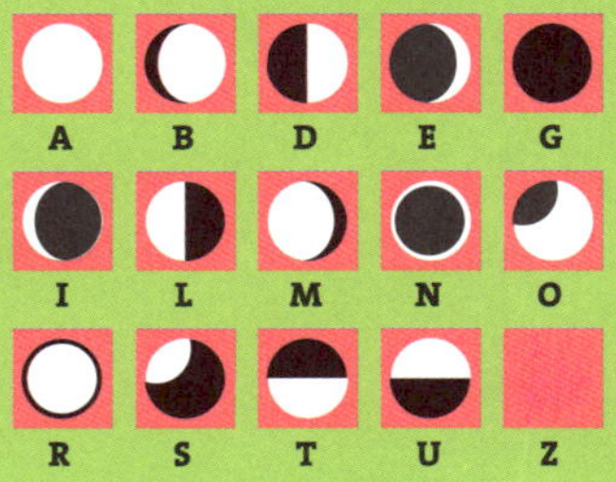

■ 游戏6 ■

电影中的外星人

绘图：吉约米

这张照片取材于电影《外星人E.T.》的拍摄过程。

A. 找到左右两幅图中的12处不同。

B. 根据下面这段描述，为每一个卡通人物选出对应的编号。

《外星人E.T.》是史蒂文·斯皮尔伯格（1）于1981年执导的电影。卡洛·兰鲍迪从家中猫咪的形象得到了灵感，设计出了E.T.的木偶造型。有很多技师（2）共同完成了影片的特效。影片于1982年上映，讲述了一个被同伴遗忘在地球上并一直想回到自己星球的外星人E.T.（3）的故事。一个名叫艾里奥特（4）的小男孩发现了他，并努力帮他实现愿望。不过E.T.面临着双重危险：他很难在地球上长时间生存，此外，特工（5）也发现了他的踪迹。

C. 下面是乔治知道的一些外星人题材的影片，请借助不同字体的提示将两边的内容连线，找出正确的电影名称。

2001：	来客
天外	大战
星球	人
火星人	接触
第三类	玩转地球
黑衣	太空漫游

D. 从下面四个局部图中，找到真正出自上图的那一个。

1. 
2. 
3. 
4. 

■ **游戏7** ■

独家报道

绘图：阿梅莉 · 方丹

右页是乔治常看的杂志《宇宙飞碟与独家报道》的封面。

A. 今天，乔治遇到了一个小麻烦。他记得UFO（不明飞行物）这个词是由几个词的首字母组成的，但却想不起来究竟是哪几个词了，请从下边的词语中帮他找出正确的答案。

U =	F =	O =
UNFRIENDLY 不友善的	FIGHTING 好战的	OBJECT 物体
URBAN 城市的	FLYING 能飞的	OVERCOAT 外套
USUALLY 通常的	FLASHY 闪光的	OCCURRENCE 事件
UNIDENTIFIED 未明的	FOREIGN 外国的	ONION 洋葱
UGLY 丑陋的	FUNNY 可笑的	OBSTACLE 障碍物

B. 当西蒙娜向乔治询问这期杂志的内容时，他有点儿记混了，犯了6处错误，你能根据下页图帮他一一指出来吗？

“这是一期关于不明飞行物的特刊。里面有一个介绍天王星上流行时尚的专栏，杂志还介绍了不用擦拭就能使飞碟焕然一新的窍门。在封面上有一个手拿鲜花的女孩，我想可能因为这是2015年的春季刊吧。还有，在下一期会附赠一张太空之旅的抽奖券，我希望能赢得3月份的这次旅行！我差点儿忘了，尚塔尔 · 博迪维尔在本期中讲述了她与外星人XZYXZUT3的相遇。”

C. 下面是本期特刊中的两个游戏。

1. 特殊的数独

将下面的网格补充完整，使每一行、每一列和每个以白线划分的矩形中都包含这6个符号：

□ ○ △ + × •

	×	•		△	
			•	+	×
□		+			
			□		+
○	△	×			
	+		×	○	

2. 火星文

在下面的网格中找到这些火星文单词（请考虑所有方向）。

x#*ll
m° ° ° m
_-° ° -_
zztl-tl
#_#
!!*!!
-xlk-
d° !° b
kz-z
m#!x
v--° -_l
° _*
lll-l

l	*	_	!	!	*	!	!
_	!	-	k	l	x	-	l
-	m	°	°	°	m	l	t
°	d	°	x	t	*	v	-
-	°	-	_	#	_	#	l
-	!	_	x	!	#	m	t
v	°	#	*	k	z	-	z
d	b	l	-	l	l	l	z

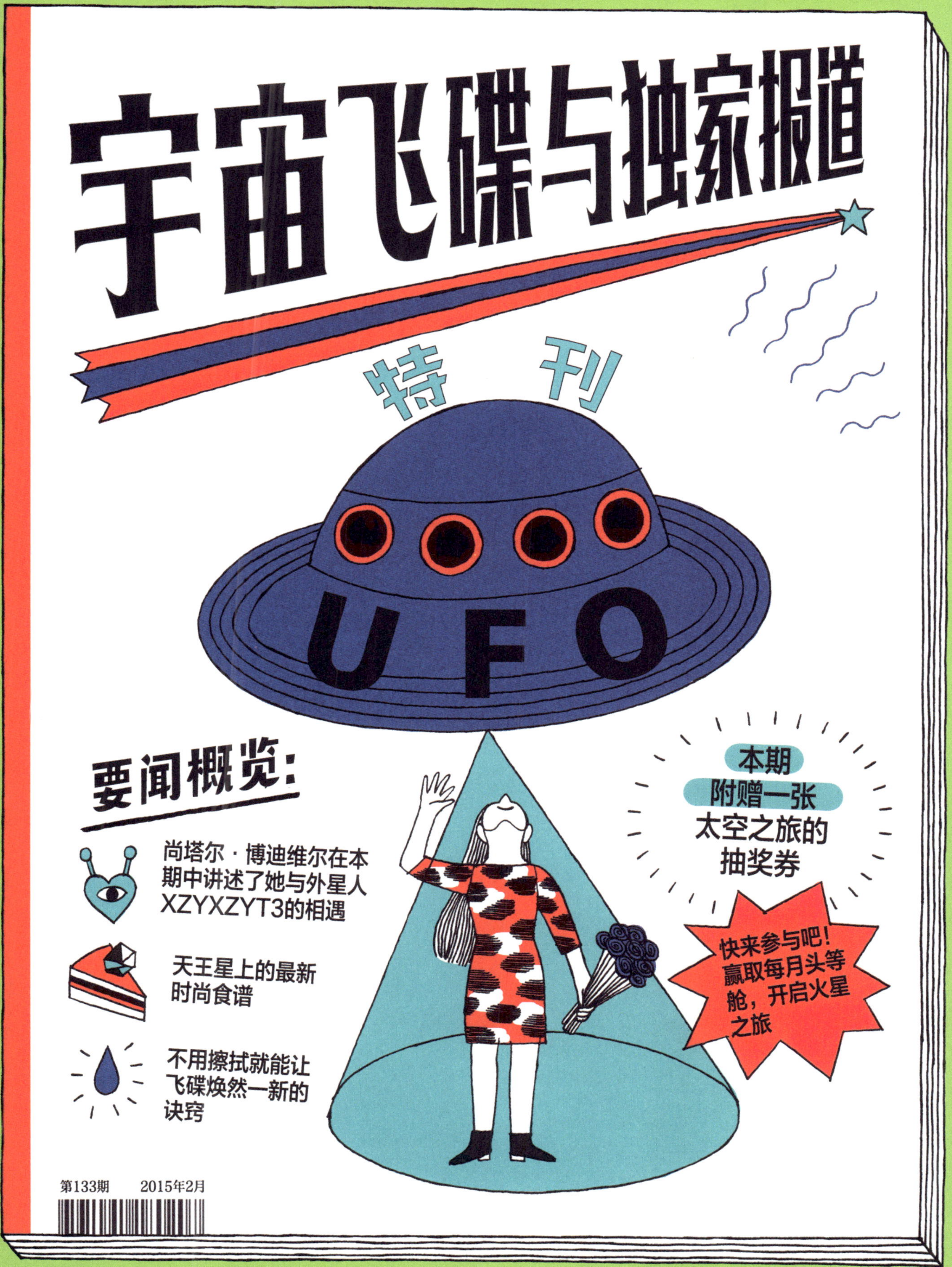

宇宙飞碟与独家报道
特刊
UFO
要闻概览：
尚塔尔·博迪维尔在本期中讲述了她与外星人XZYXZYT3的相遇
天王星上的最新时尚食谱
不用擦拭就能让飞碟焕然一新的诀窍
本期附赠一张太空之旅的抽奖券
快来参与吧！赢取每月头等舱，开启火星之旅
第133期 2015年2月

■ 游戏8 ■

外星人入侵

绘图：伯努瓦·奥德

在下边这张图中，乔治一共发现了44个外星人！

A. 你能找到他们吗？（有些外星人可能乔装成了动物的样子。）

B. 在图中找到这10种东西：直升机、比萨饼、金字塔样建筑、苹果、垃圾桶、章鱼、意大利面、伞、过街天桥、画家。

C. 判断下列内容。

1. 图中的时间是三点。 ☐真 ☐假

2. 图中没有人戴墨镜。 ☐真 ☐假

3. 图中的小鸟和猴子一样多。 ☐真 ☐假

职业万花筒

宇航员

文本：樊尚 · 雅多 绘图：斯特凡妮 · 拉纳

乔治每天晚上仰望星空，都会幻想星空中发生的事儿。于是，乔治决定找一位名叫让-卢 · 克雷迪安的专家聊聊登月的事儿，他可是法国第一位登上太空的人！

乔治 你小时候曾梦想长大以后从事什么工作？

让-卢 我有两个梦想：成为战斗机驾驶员，或者在教堂里演奏管风琴。

乔治 你怎么会有两个如此不同的梦想呢？

让-卢 我祖母家住在空军基地附近。当时正好是战争年代，我经常看到英国和德国的飞机掠地飞行，我一下子就着了迷。从此，我开始大量阅读有关航空的书籍和杂志，还自己动手制作飞机模型。

乔治 那演奏管风琴这个梦想又从何而来呢？

让-卢 那还是我小时候的事情。有一次，我走进一家教堂，恰好看到一位管风琴师在演奏。那感觉太美妙了！时至今日，每次回到法国布列塔尼（现在我在美国工作），我都会到音乐学院去学习管风琴课程。

乔治 你在太空中演奏过吗？

让-卢 是的，我在执行太空任务期间曾经携带过一架小型的电子管风琴。

乔治 成为宇航员可不是一朝一夕就能实现的。

让-卢 我在十五六岁的时候就学会了驾驶飞机。我当时年龄很小，我母亲对此顾虑重重，但最终我的父母还是放手让我去实现自己的梦想。我考入航空学校，成为一名专业飞行员。后来，我真的成了一名战斗机驾驶员，还当过试飞员（测试新飞机的飞行性能）。很多年之后，苏联太空计划组织了一次选拔……

乔治 这是一次竞赛吗？

让-卢 其实是一系列关于航空知识和身体机能的测试。每经过一次选拔，都会有一半的候选人被淘汰掉。

乔治 你对第一次太空之行的印象如何？

让-卢 只用了不到10分钟，我们的飞船就进入了轨道，穿梭于星际空间太令人震撼了。同样令我惊讶的是，从太空中竟然能看到地球的很多细节。

乔治 你最难忘的回忆是什么？

让-卢 穿着太空服在太空中漫步。

乔治 能介绍下在宇宙飞船中和在空间站的生活吗？

让-卢 我们有很多工作要做，团队成员之间也经常进行讨论，我们还会做些运动。

乔治 为什么要做运动呢？

让-卢 在失重的状态下，身体不再需要用力。但是，你必须保持肌肉运动，以免回到地球上时没有足够的力量来站立！

乔治 你们会打牌娱乐吗？

让-卢 这太难了，纸牌会飘在空中。其实，我们在那里弄丢过很多东西，它们可能飘浮在空间站的各个角落里。比如，我的电脑屏幕就不知道去哪儿了！

乔治 对于梦想成为飞行员或宇航员的孩子们，你有什么建议？

让-卢 对一切都保持好奇心。最重要的是，要时刻做好竞争的准备，不是与其他人竞争，而是与自己比拼。

花园里的自制小火箭

绘图：斯特凡妮 · 拉纳

乔治想要弄明白火箭究竟是怎么升空的，所以他走出实验室完成了这次实验。要注意：如果你也想尝试发射火箭，也一定要来到室外，而且要有成年人陪伴做实验哟！

所需材料：

- 1个空的塑料瓶
- 1个硬纸板
- 1张纸
- 1个软木塞
- 1个自行车打气筒，配有1个气针
- 胶带

操作方法：

1. 在成年人的帮助下，将气针插入软木塞中，并使针头从另一侧穿出来。如果木塞太长，可以截掉一小段。

2. 用硬纸板裁出4个尾翼。

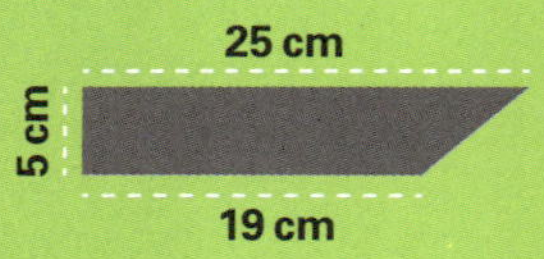

3. 用胶带按右图所示的方式将尾翼固定在塑料瓶身上（确保4个尾翼的高度相同）。

4. 在瓶中倒入约四分之一的水，要小心别弄湿了尾翼。

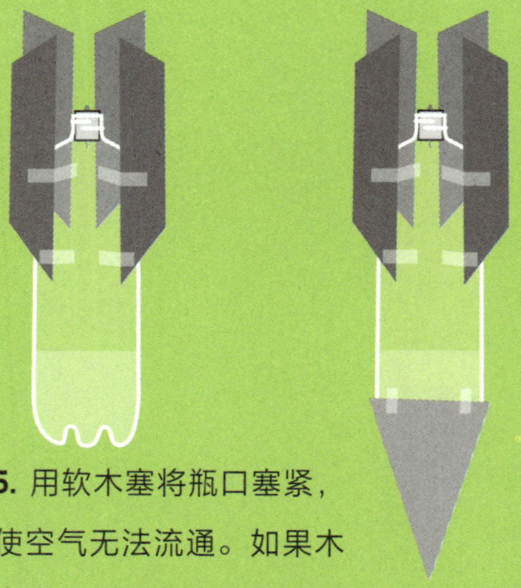

5. 用软木塞将瓶口塞紧，使空气无法流通。如果木塞太细，可以用胶带多缠绕几圈。

6. 用纸制作一个火箭头，并用胶带固定在瓶子的底部。

7. 一切就绪，现在，准备发射！你的火箭可能会飞得很高，但乔治还没有找到让它轻轻着陆的好方法，所以你需要足够的发射空间，比如在很大的花园里、公园里或者是足球场上等。

8. 把你的火箭以尾翼朝下的方式放在地面上，将打气筒与气针连接好，然后将打气筒挪到离火箭尽可能远的地方，并开始打气。持续数秒后，你的火箭便会腾空而起。

实验结论：

在你打气的过程中，瓶中的压力不断增大。空气推动水，这股力量会使木塞弹出，水喷射而出，将瓶子推向空中。

真正的火箭运用的原理是相同的，只不过它喷射出的不是水。真正的火箭发动机通过燃烧燃料产生热气，这些热气（就像瓶中的水一样）向下喷出便会推动火箭升空。

火箭

星球大战

绘图：斯特凡妮·拉纳

《星球大战》（又名《星球大战4：新希望》）是乔治·卢卡斯执导的科幻主题影片。下面的片段来自该影片，这部电影是“星球大战”系列正传三部曲中的第一部（1977年在美国上映），但却是整个系列故事的第四部。

故事梗概：很久以前，在一个遥远的星系，银河帝国和义军正处于交战状态。在被银河帝国俘获之前，莱娅公主派出了两个机器人R2-D2和C-3PO向绝地武士求救……

角色介绍：

- 莱娅公主：义军的领袖
- 卢克·天行者：绝地武士
- 汉·索洛：船长
- 楚巴卡：伍基人，汉·索洛的大副（伍基人的语言主要由刺耳的尖叫和咕噜声组成）
- C-3PO：人形机器人

服装：

- 见下页配图

行动！卢克刚将莱娅公主从牢房中救出。他们来到一条走廊上，与汉·索洛和楚巴卡会合。但银河帝国的卫兵在不断地向他们射击。机器人C-3PO在另一个空间，他正在帮大家寻找出口。

对白

汉·索洛：什么都做不了，见鬼！

莱娅公主：这里只有一条路可以出去，但被你给堵上了！

汉·索洛（带有嘲讽的语气。）**：**或许您最好还是待在您的牢房里，殿下！

（卫兵不断向他们射击。）

卢克·天行者（在用对讲机说话。）**：**请问，C-3PO，能听到吗，C-3PO？

C-3PO：是的，先生。

卢克·天行者：还有另一条路能出去吗？这边的路被他们切断了！（由于卫兵的射击，卢克没有听清。）你说什么？我没听到！

C-3PO：我说，你们被他们的安全系统定位了，先生。大家只能通过正门进出。所有密码都被装上了干扰系统。

卫兵（来到C-3PO门外。）**：**快开门！打开这扇门！

C-3PO：不……

卢克·天行者（对莱娅公主和汉·索洛说。）**：**没有其他出路！

（楚巴卡不断咆哮着。）

汉·索洛：我们可扛不了多久！现在该干什么？

莱娅公主（又急又气地对汉·索洛说。）**：**这可真是个“很棒”的营救计划！你们来到这里，却没想好怎么救我出去！

汉·索洛：这次行动的头儿是卢克，亲爱的！

卢克·天行者：可，我也不知道……

（莱娅公主不等他说完，就从他的手中一把抢过了武器开始射击。）

汉·索洛：你在干什么？

莱娅公主：看来，现在是我要救你们出去！大家都到垃圾道里去，快！（她把武器扔给卢克，然后钻进了垃圾道。）

汉·索洛（对着楚巴卡喊。）**：**进去！（楚巴卡咆哮着回应。）来吧，跳，你这个大家伙别管它的味道。（他用脚踢了踢楚巴卡。）快进去，什么也别担心！（对卢克说。）这姑娘真棒……

莱娅公主
汉 · 索洛
楚巴卡
卢克 · 天行者
C-3PO

星形果冻

绘图：斯特凡妮·拉纳

最后，给大家分享一个可以令所有外星人喜欢的食谱！

所需材料：

· 80毫升薄荷糖浆
· 120毫升水
· 2克琼脂粉
· 1个星形模具

制作方法：

1 将糖浆与水混合，搅拌均匀。

2 加入琼脂粉，并再次搅拌均匀。

3 在成年人的帮助下，将混合物加热至沸腾后继续加热1分钟，并不断搅拌。然后关火，冷却5～10分钟。

4 将锅中的混合物倒入盘中，在冰箱里冷藏45分钟。

5 当果冻成形后，用模具将它切成一个个小星星的形状（小星星的间隔越小越好，否则会浪费很多果冻）。

6 这可能不算是世界上最美味的甜点，但用它们来装饰冰激凌应该是最具有宇宙气息的！注意，果冻在凉爽的温度下能保存24小时。

请在父母监护下食用。当然，你也可以用不同的糖浆和不同形状的模具来制作这款果冻！

说到星星和炒锅，
你会想到**北斗七星**吗？
不妨让我们一起了解一下。

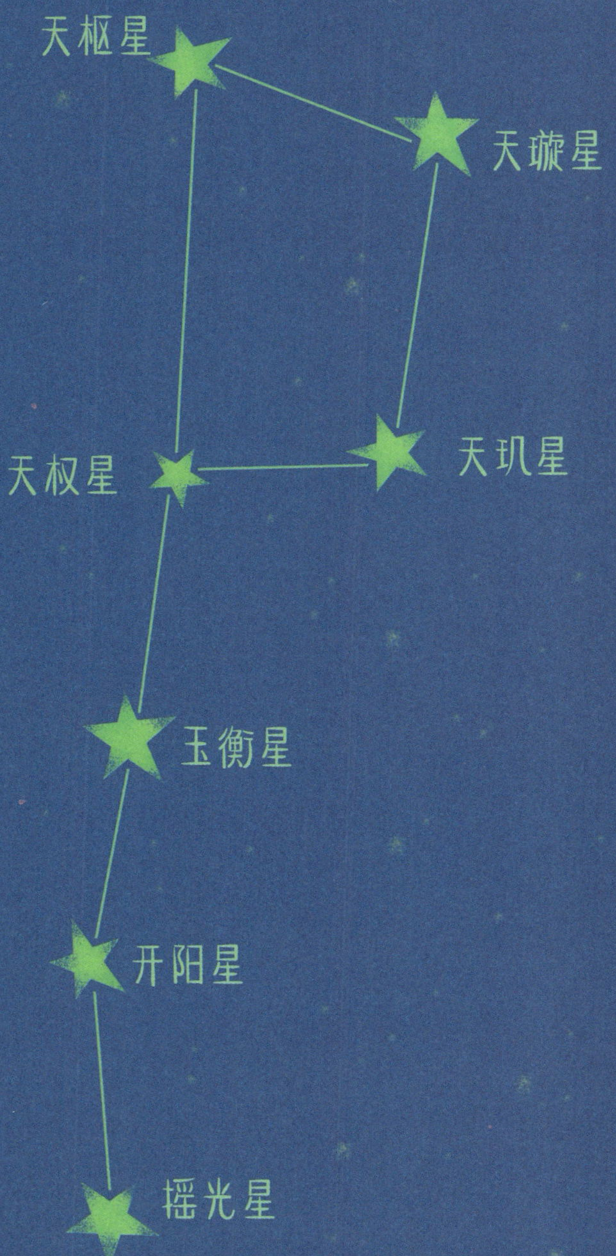

游戏答案

99

这就是封面和封底的

7个不同之处：

游戏1 1、2、3……太阳！

A. 银河系，星系，太阳，行星，轨道，自转，公转。

B. 木星：5。地球：3。水星：1。天王星：7。海王星：8。金星：2。火星：4。土星：6。

C. 1. 天王星和海王星。2. 地球和火星。3. 海王星。

D. 冥王星。

游戏2 火眼金睛

没有重复的外星人如下：

游戏4 注意，飞碟来了！

A. 见右图。

游戏5 月球之旅

A. 1. d；2. c；3. f；4. a；5. e；6. b。

B. 1. 一样重；2. 更轻；3. 更沉；4. 更轻。

C. Neil Armstrong（尼尔·阿姆斯特朗），Buzz Aldrin（巴兹·奥尔德林）。

游戏6 电影中的外星人

A.

B. 从左到右：（3）（4）（1）（5）（2）。

C. 电影名称依次是：《2001：太空漫游》《天外来客》《星球大战》《火星人玩转地球》《第三类接触》《黑衣人》。

D. 3。

游戏7 独家报道

A. UNIDENTIFIED（未明的），FLYING（能飞的），OBJECT（物体）。

B. 6处错误分别是：“……介绍天王星上流行时装款式的专栏……不用洗刷就能使飞碟焕然一新的窍门……2015年的春季刊……在下一期会附赠一张太空之旅的抽奖券……3月份……她与外星人XZYXZUT3的相遇。”

C. 如下图所示。

+	×	•	○	△	□
△	□	○	•	+	×
□	•	+	△	×	○
×	○	△	□	•	+
○	△	×	+	□	•
•	+	□	×	○	△

l	*	_	!	!	*	!	!
_	!	-	k	l	x	-	l
-	m	°	°	°	m	l	t
°	d	°	x	t	*	v	-
-	°	-	_	#	_	#	l
-	!	_	x	!	#	m	t
v	°	#	*	k	z	-	z
d	b	l	-	l	l	l	z

游戏8 外星人入侵

A. 如橙色部分所示。 B. 如下图红圈所示。 C. 1. 真；2. 假；3. 假（如下图绿圈所示）。